AF355828

NOTIONS

D'AGRICULTURE

Tout exemplaire non revêtu de la signature de l'un de nous sera réputé contrefait.

Rouen. imp. E. Cagniard.

NOTIONS D'AGRICULTURE

A L'USAGE

DES HABITANTS DES CAMPAGNES

ET DES ÉLÈVES DES ÉCOLES PRIMAIRES,

par

MARTIAL ET FERDINAND PION FRÈRES.

« Travaillez, prenez de la peine;
« C'est le fond qui manque le moins. »
(LA FONTAINE.)

ROUEN

IMPRIMERIE DE E. CAGNIARD,

Rues de l'Impératrice, 88, et des Basnage, 5.

1869.

DÉPÔT LÉGAL
Seine-Inférieure
1869.

PRÉAMBULE.

La Fontaine a dit :

« Travaillez, prenez de la peine ;
« C'est le fond qui manque le moins. »

Et pour rendre sa pensée sensible , il la revêt de cette forme ingénieuse dont il avait le secret : il représente un sage laboureur donnant à ses fils une de ces leçons solennelles toujours reçues avec respect de la bouche d'un père mourant.

Ce bon vieillard fait entendre à ses enfants que le champ de famille recèle un trésor , qu'il ne dépend que d'eux de le découvrir.

A peine a-t-il fermé les yeux que l'héritage est fouillé , remué dans tous les sens.

« D'argent point de caché ; mais le père fut sage
« De leur montrer avant sa mort
« Que le travail est un trésor. »

Le champ , rendu plus fécond , devient une source de productions et de richesses nouvelles. Voilà le

trésor auquel faisait allusion le bon père et que procure le travail.

Ainsi en est-il de la terre qui n'attend qu'une
meilleure culture pour produire plus abondamment.

L'agriculture est la première et la plus utile de
toutes les sciences. C'est par là que l'homme a commencé à subir cette loi indéclinable : *« tu mangeras
ton pain à la sueur de ton front. »* et qu'il se procure les choses nécessaires à la vie.

A son début, cet art, comme tout ce qui commence, nous apparaît sous une forme grossière.
Aussi, les produits étaient limités comme les besoins;
mais à mesure que les sociétés se constituent, que
les familles s'accroissent, que les besoins augmen-
tent, c'est à une meilleure culture que les hommes
demandent une plus grande somme de ressources;
et la terre, docile instrument d'une Providence attentive, les multiplie généreusement.

L'agriculture était en honneur dès la plus haute
antiquité: les Romains, qui occupent dans l'histoire
une place si importante, étaient essentiellement
agriculteurs. Le peuple-roi n'eut jamais de plus
beaux jours que ceux ou les vainqueurs retournaient
à la charrue après un triomphe.

Les grands princes ont toujours favorisé l'agriculture, source de prospérité pour les peuples.

Les dispositions atmosphériques et la qualité du
sol ont sur les récoltes leur part d'influence : mais

dans quelle proportion n'y contribue pas la bonne culture ! Les lieux couverts par une population plus compacte sont précisément ceux qui rendent le plus, témoin le Danemarck, la Belgique, l'Angleterre, l'Allemagne, contrées que fertilisent l'intelligence et le travail.

La France, malgré sa civilisation, est encore loin d'occuper, sous ce rapport, la place qui lui convient. Chez nous, la petite culture surtout est restée routinière. D'un autre côté, malheureusement on n'attache plus assez de prix à cette noble profession dont nous nous occupons, et qui est pourtant si bien faite pour assurer l'indépendance et le bien-être.

Que de fils de cultivateurs, se méprenant sur le but de l'existence, méprisent la profession de leurs pères, se laissent aller à de trompeuses illusions, se jettent dans l'inconnu, lâchent la proie pour l'ombre et courent après des chimères ! Que de parents eux-mêmes poussent leurs enfants dans cette funeste voie !

Au lieu de l'air pur des champs, de cette vie si douce du foyer paternel, la jeunesse se jette imprudemment dans l'agitation des cités, au milieu de ce tourbillon qui entraîne, de ces passions qui énervent: elle va s'étioler dans une atmosphère qui n'est pas la sienne, s'user dans un milieu dangereux, où l'on trouve tant de déceptions, où l'on rencontre tant de ruines , sans parler des hontes qui trop souvent s'y cachent.

Le mal, le grand mal de notre époque, c'est la peur du travail et l'amour effréné des jouissances.

Toutefois, il est juste de reconnaître que , de nos jours, l'agriculture prend un heureux développement. Grâce aux fermes modèles, aux établissements agricoles, aux comices, etc., les bonnes méthodes se propagent. L'essor est donné ; un avenir prochain nous prépare, sous ce rapport, d'heureux succès.

L'enseignement primaire se présente comme un moyen puissant d'en hâter la réalisation. Initier la génération naissante aux connaissances agricoles, lui faire aimer la vie des champs : voilà le beau rôle qui s'offre aux efforts de sa sollicitude.

On ne peut trop combattre les résistances de la routine ; on ne peut trop insister sur les avantages de cette existence calme et tranquille de la campagne et sur les ressources qu'elle présente.

Quelques notions utiles ne peuvent donc manquer de préparer les voies et de seconder, dans l'intérêt des populations, le mouvement qui se produit.

Des hommes autorisés s'efforcent par leurs savants écrits de féconder la science pratique. Il ne nous appartient pas de les suivre, même à distance ; mais leurs ouvrages, tout précieux qu'ils sont, se trouvent, en raison même de leur valeur, au-dessus de la portée des habitants des campagnes et des enfants des écoles primaires.

C'est pourquoi de courtes leçons, mieux appropriées à leurs besoins et pouvant servir d'introduction à des études plus étendues, nous ont paru avoir leur utilité.

Puisse ce modeste abrégé servir, selon sa mesure, cette grande cause de l'agriculture qui rencontre partout tant de sympathie et qui répond à tant de besoins !...

AGRICULTURE

CHAPITRE Ier.

I. — Tableau de la Nature.

Le spectacle de la nature est le plus admirable qu'il soit donné à l'homme de contem-
pler ici-bas.

C'est un grand livre ouvert , étincelant de
beautés, dont les esprits attentifs ne peuvent se
lasser d'admirer l'éloquence ; chaque page re-
trace une merveille, chaque trait révèle un pro-
dige. Quelle perfection dans les détails ! quelle
harmonie dans l'ensemble !

La nature, c'est une source féconde d'inspirations et de sentiments ; c'est un foyer de chaleur et de vie où les intelligences s'illuminent et les cœurs s'échauffent. Là, jaillissent, comme des éclairs, les magnifiques créations du génie ; c'est là qu'il donne de l'expression à ses œuvres immortelles.

Le savant scrute et se confond.

Le sage contemple et s'incline.

De toutes parts, ce sont des accents émus, c'est un cri d'admiration, de reconnaissance et d'amour envers la divine Providence, dont la puissance, la sagesse et la bonté se manifestent ici d'une manière si sensible.

A cet hymne solennel, à ce concert de louanges qui monte vers le divin créateur, l'homme des champs pourrait-il ne pas mêler sa voix ? Eh ! qui mieux que lui doit sentir et comprendre !

Tandis qu'à l'aide de son puissant télescope, l'astronome plonge son regard scrutateur jusque dans l'infini, où se balancent si majestueusement les mondes, pour y surprendre le jeu d'admirables lois, l'habitant de la plus humble campagne n'a qu'à regarder autour de lui : son modeste horison n'est qu'un point du tableau, et cependant que de merveilles !

Le plus petit coin de terre va lui offrir des sujets de méditations profondes.

En présence des bienfaits qui l'environnent, à la vue de ces mystérieuses productions que la nature sème perpétuellement sous ses pas, comment son cœur pourrait-il rester froid et indifférent? tout concourt à le satisfaire.

Ici, je vois, dans les animaux, une foule de serviteurs dévoués et fidèles : aux uns, il doit la nourriture; aux autres, ses vêtements. Celui-ci, comme une sentinelle vigilante, veille sur sa personne et sur ses biens ; ceux-là, dociles et patients, lui prêtent le secours de leurs forces pour cultiver ses champs, transporter ses fardeaux et sa famille. Les uns se dépouillent pour lui de leur toison, d'autres lui donnent du lait, du beurre, des œufs, mille autres produits, jusqu'à leur propre chair.

Là, que de ressources dans les végétaux ! ce sont des céréales, puis de la farine et du pain; des bois de construction, de chauffage, d'ameublement; des plantes légumineuses, oléagineuses, textiles, etc. Puis, que de productions végétales pour la médecine, la teinture, les arts !

Qui comptera les richesses enfouies sous nos

pieds ! La Providence a voulu les cacher dans le sein de la terre afin de n'en pas encombrer la surface. Ce sont des combustibles, des pierres, des marbres, des ardoises, des métaux et mille autres minéraux au moyen desquels les arts, la science, le commerce et l'industrie entretiennent l'activité et la vie au sein des populations. Les plus utiles productions sont précisément les plus abondantes.

L'air et l'Océan sont au service de l'homme : l'un entretient chez lui la vie, l'autre lui offre de nouvelles sources de richesses.

Sur la terre, chaque zone a ses produits ; mais, chose admirable, les plus utiles s'accommodent avec tous les climats, tandis que les choses d'agrément se diversifient suivant les latitudes. La surface du globe ressemble à un vaste parterre, divisé en compartiments dont l'aspect et les produits diffèrent pour le charme des yeux et le besoin des transactions entre les membres les plus éloignés de la grande famille humaine.

Ici qu'il y aurait de détails intéressants !

De toutes parts, ce sont d'éclatantes merveilles, un enchaînement de bienfaits. Et remarquons-le, la Providence ne s'est pas bornée au stricte nécessaire: elle a fait à l'homme une large part du superflu.

Que de couleurs magnifiques, de sons harmonieux, d'odeurs suaves !

Les fleurs, les fruits, le chant des oiseaux , le silence de la nuit, le mouvement régulier des astres, le retour successif des saisons , la fécondité de la nature, la végétation et la reproduction des plantes , l'organisation et l'instinct des animaux, les vents et la rosée, la majesté de l'Océan, jusqu'au fracas des tempêtes, tout enfin, dans ce concert universel de la nature, parle aux sens, au cœur, à l'esprit de l'homme, élève sa pensée jusqu'au trône du souverain Maître, qui, d'un mot, a créé tous les mondes, et qui maintient l'ordre et l'harmonie de l'univers.

II. — Règnes de la Nature.

Les êtres de la création, si nombreux et si variés, se divisent en trois grandes classes, appelés les règnes de la nature.

C'est : 1° le règne animal ;

2° Le règne végétal ;

3° Et le règne minéral.

1° *Les animaux*, qui tiennent le premier rang, naissent, vivent et meurent. Ils sont doués de sensibilité et la plupart de mouvement.

2° *Les végétaux*, qui viennent ensuite, naissent, vivent et meurent aussi ; mais ils sont privés de sensibilité et de mouvement : leur vie est une végétation purement mécanique.

3° *Les minéraux*, au contraire, sont dépourvus de toute espèce de vie et de végétation : ils résultent d'une agrégation plus ou moins importante de molécules inertes.

ÊTRES ORGANIQUES ET INORGANIQUES.

Les animaux et les végétaux sont désignés sous le nom d'êtres *organisés*, en raison des *organes* qu'ils possèdent, c'est-à-dire d'appareils servant à l'entretien de leur existence.

Ainsi, pour ce qui nous concerne, nous avons d'abord les organes de la *vue*, de *l'ouie*, de *l'odorat*, du *goût* et du *toucher*, qu'on appelle les cinq sens ; puis les organes de la voix, de la respiration, de la nutrition, etc.

Les plantes ont aussi leurs organes au moyen desquels elles se nourrissent, se développent, respirent, secrètent et se reproduisent. C'est pour cette raison que la matière résultant des animaux et des végétaux s'appelle *organique*. Celle provenant des minéraux est dite, au contraire, *inorganique*, c'est-à-dire *sans organes*.

Pour nous renfermer dans notre modeste cadre, nous n'avons à nous occuper ici que des plantes propres à la culture. Le reste ne viendra que comme incident, dans la mesure nécessaire au sujet qui nous occupe.

Nous nous bornerons, d'ailleurs, aux notions les plus élémentaires, absolument indispensables.

III. — Vie de la Plante.

Le sol est le milieu dans lequel végète la plante, il lui sert de base et de point d'appui : c'est là qu'elle puise ses sucs nourriciers, qu'elle vit et se développe. Le sol a donc besoin de remplir certaines conditions essentielles à l'être végétal, comme nous le verrons plus loin.

Mais examinons d'abord rapidement les principaux et admirables phénomènes de son existence.

Tout ici, comme dans le reste de la nature, est plein de mystères profonds, de secrets impénétrables : nous voyons des effets se produire ; mais la raison de la cause matérielle nous échappe, ou plutôt nous la trouvons dans cette Providence divine, dont l'action se révèle jusque dans la plus petite de ses œuvres admirables. En dehors de cette grande cause, il n'y a rien d'explicable.

Une graine quelconque renferme dans son intérieur un *germe* ou *embryon*, qui est le rudiment de la plante elle-même dans son expression la plus simple. C'est-à-dire qu'un être végétal semblable à celui dont provient la graine y est tout entier. Pour se développer, il n'attend que le moment où il se trouvera placé dans des conditions favorables.

Ainsi, dans le grain de blé se trouve une ou plusieurs tiges, qui doivent s'élever un jour couronnées d'épis renfermant des grains nombreux. Le gland renferme un chêne, et le plus petit pépin contient un arbre de l'espèce de celui dont il provient.

GERMINATION.

Lorsqu'une graine est jetée en terre, le germe augmente de volume : une partie s'allonge d'un côté, glisse jusqu'à l'une des extrémités de la graine : il en perce l'enveloppe, s'élève dans le sol et apparaît au four. C'est la *tige*.

Une autre partie du même germe, appelée *radicelle*, se dirige dans un sens opposé, sort de l'enveloppe à l'autre extrémité de la graine, s'étend rapidement et vient se fixer en terre pour servir de base à la plante naissante.

C'est ainsi que se constitue le nouvel être végétal.

D'une part, *la tige* s'élève vers le ciel ; de l'autre, *la racine* s'implante dans le sol. L'une va développer les richesses de sa parure, donner une tige, des fleurs et des fruits ; l'autre plongera en terre pour y chercher l'aliment qui lui est nécessaire. Et qu'on ne s'inquiète pas du sens dans lequel se trouve la graine au moment de la germination : Chacune de ses parties saura prendre la direction qui lui convient, grâce à la main mystérieuse qui en dirige le mouvement et l'action.

Pour vivre et se développer, la plante, comme l'enfant qui vient de naître, a besoin de nourriture.

La Providence, en mère attentive, a pourvu à tout : la racine, en se développant, se ra-

mifie, donne naissance à une foule de *radicelles*
qui s'étendent dans tous les sens, et de préfé-
rence vers les points les plus favorables. C'est
là ce qu'on appelle *le chevelu* des racines.
L'extrémité de chacune de ces petites fibres a la
forme d'un petit cône blanc appelé *spongiole*.
Les *spongioles* sont comme autant de petites
pompes aspirantes, suçant la nourriture en
terre comme la bouche du petit enfant aspire
le lait

DÉVELOPPEMENT DE LA PLANTE.

Après avoir esquissé rapidement ces premières
opérations de l'existence végétale, voyons, en
quelques mots, quels sont les conditions essentielles au développement de la plante. Il lui faut
naturellement les principes nourriciers qui lui
conviennent. L'appareil des organes souterrains
formé par les racines les pompe dans le sol,
comme nous venons de le voir.

C'est d'abord un liquide aqueux, appelé
lymphe ; il s'élève dans la plante, monte jusque
dans la partie supérieure de l'être, en subissant
diverses modifications que la science explique.
Le *lymphe* est ainsi devenu *sève*, une partie de

l'eau qu'elle contient s'évapore ; la sève épaissie redescend dans les parties externes de la plante (au-dessous de l'enveloppe), et dépose sur sa route les diverses substances élaborées, c'est-à-dire préparées, qui constituent la nouvelle matière du végétal, comme le sang, qui coule dans nos veines, vient alimenter nos chairs, après avoir subi dans nos poumons une préparation nécessaire.

ÉLÉMENTS NÉCESSAIRES A LA PLANTE.

Mais quels sont les éléments contenus dans la sève et propres à la nourriture de la plante ?

La réponse à cette question exigerait de longs développements ; mais pour ne pas sortir de notre cadre, nous devons nous borner à des indications rapides. Si, pour quelques-uns, elles sont insuffisantes, elles serviront du moins d'introduction à des études plus étendues.

L'eau pure seule ne suffirait pas, plus qu'à nous, à l'alimentation de la plante : ce n'est qu'un moyen, qu'un agent propre à la préparation de la nourriture. Il lui faut certaines substances minérales provenant du sol et des engrais. Ce sont particulièrement des sels alcalins, à base de potasse, de chaux, de magnésie, de nitre, d'ammoniaque, de fer. de soude, etc., ou bien des gaz provenant de la décomposition de matières organiques, comme l'azote, le chlore, l'acide phosphorique, l'acide carbonique, etc.

Les expériences en chimie agricole faites jusqu'ici, constatent que quatorze éléments concourent, avec les débris organiques, à la production des végétaux cultivés.

Sur ces quatorze éléments dix sont fournis par le sol et par l'atmosphère. Les quatre autres, enlevés au sol par les végétaux, en plus ou moins grande quantité, doivent lui être restitués par les moyens les plus économiques, dans les proportions exigées par chaque plante que l'on cultive. C'est là l'objet de la science agricole.

Ces quatre substances sont:

1° la matière azotée;
2° l'acide phosphorique;
3° la potasse;
4° et la chaux.

On devrait y ajouter l'acide carbonique; mais cet agent se développe par la fermentation des matières organiques qui composent les fumiers enfouis dans le sol.

Ces différentes substances, en dissolution dans l'eau, que pompent les racines, s'élèvent dans la plante avec le *lymphe*; la *sève* en pénètre tous les tissus. C'est ainsi que s'opère la nutrition du végétal.

Voyons maintenant sous quelle influence s'accomplit cet important travail :

AGENTS PROPRES A LA VÉGÉTATION.

Les agents essentiels à cette opération sont.
1° la lumière ;
2° la chaleur ;
3° l'humidité ;
4° et l'air.

1° LA LUMIÈRE.

Si l'action de la lumière n'est pas nécessaire à la germination de la plante, il en est ensuite autrement pour la végétation. Dans l'obscurité, une plante languit, s'étiole, prend une teinte blafarde. La lumière lui est tellement essentielle que, d'elle-même, la plante tend à se diriger vers les points où elle peut lui apparaître. Sous l'influence des rayons lumineux, le végétal s'épanouit, se colore, reprend une teinte naturelle et retrouve une vigueur nécessaire : d'intéressantes expériences confirment le fait et ne laissent aucun doute à cet égard.

2° LA CHALEUR.

Tout le monde sait que le froid resserre les parties cellulaires de toute espèce d'organisation, même de la nôtre; l'eau seule présente une singulière exception à ce sujet : quand elle se congèle, elle prend un accroissement de volume assez sensible pour briser les vases où elle est contenue. Dans la plante, le froid entrave naturellement la marche de la végétation. Par l'effet de l'élévation de la température, au contraire, une dilatation s'opère dans les différentes parties de la plante, surtout dans celles des liquides et des gaz qu'elle contient: les tissus s'élargissent, la sève s'échauffe et accélère sa marche. De là une plus grande activité dans l'ensemble des phénomènes vitaux. Les couches et les serres, où une chaleur artificielle hâte la maturité des fruits, sont une preuve évidente de l'importance de la chaleur au point de vue de la végétation.

3° L'HUMIDITÉ.

L'effet de l'humidité est attesté par l'expérience de tous les jours. C'est par l'humidité que les principes nécessaires à l'alimentation de la plante se dissolvent pour être ensuite absorbés par le végétal.

Mettez, par exemple, un morceau de sucre dans l'eau, vous verrez les molécules qui le composent se séparer, se distancer, se réduire à des proportions imperceptibles ; bientôt enfin le sucre aura disparu ; il est passé à l'état de dissolution.

Tel est le sel contenu naturellement dans l'eau de mer. C'est ainsi que les eaux traversant des terrains de calcaire, de gypse, des mines de sel, de soufre, de fer, etc., s'imprègnent de ces substances, qu'elles dissolvent et donnent des produits utiles à la science médicale, pharmaceutique, ainsi qu'au commerce et à l'industrie.

4° L'AIR.

Enfin, l'air, si nécessaire à l'homme et aux animaux, ne l'est pas moins à la plante.

Les végétaux respirent aussi à leur façon ;

par le moyen de leur feuillage principalement,
ils absorbent les gaz qui se trouvent dans l'air
à leur convenance.

Par une sage disposition de la Providence, les
plantes absorbent précisément l'azote et l'acide
carbonique, pour nous dangereux, et exhalent
l'oxigène dont nous avons besoin.

EFFETS DE L'ÉLECTRICITÉ SUR LA VÉGÉTATION.

Il est encore un agent qui produit sur la végétation une influence salutaire. C'est l'électricité.

Non-seulement les orages fournissent des
combinaisons qui produisent de l'ammoniaque,
mais, par suite des réactions électriques qui ont
lieu dans le sol, le travail de la végétation
acquiert une activité remarquable.

Sans les conséquences désastreuses des orages,
on n'aurait qu'à se féliciter de l'action électrique
sur les récoltes: une pluie d'orage douce et peu
abondante produit d'admirables effets.

Passons maintenant aux différentes natures de
terrains cultivés.

CHAPITRE II.

Nature du sol : Caractères généraux.

Espèces de terrains : 1º argileux ; 2º siliceux ; 3º calcaires ; 4º tourbeux. — Terrains mixtes.
Subdivisions : 1. argilo-siliceux ; — 2. argilo-calcaires ; — 3. silicéo-argilo-calcaires. — Humus. Sous-sol.

—

NATURE DU SOL : CARACTÈRES GÉNÉRAUX.

L'expérience a démontré qu'une culture intelligente porte partout ses fruits, et qu'une mauvaise terre même en subit l'heureuse influence.

Toutefois, les qualités du sol se modifient suivant les éléments qui le composent. Voici d'abord une remarque qui permettra de comprendre la valeur relative des terrains et les moyens de les amender.

Comme nous l'avons vu, pour qu'une graine puisse se développer dans de bonnes conditions, il lui faut, dans une certaine mesure, de l'air, de la chaleur et de l'humidité.

Si une terre est trop compacte où imperméable, les eaux y séjournent trop abondamment, l'air et la chaleur y pénètrent mal.

Au contraire, si elle est trop légère, l'eau s'infiltre rapidement, l'humidité s'évapore et le terrain, s'échauffant trop vite, se dessèche outre mesure.

On comprend dès lors les avantages des combinaisons de terrains qui tempèrent les inconvénients de ces deux extrêmes.

La nature du sol est par elle-même ce qu'elle est; il ne nous appartient pas d'en changer la base; mais à l'homme le soin d'en tirer le meilleur parti possible. Là est tout le mérite, tout le secret du cultivateur.

Le mode de culture, d'amendement et d'engrais doit donc varier suivant la nature du sol, comme nous le verrons plus loin : voilà pourquoi il importe tout d'abord de bien distinguer les diverses espèces de terrains composant la couche cultivable.

On peut les réduire à quatre classes principales, savoir :

1º Terres argileuses;

2º Terres siliceuses;

3° Terres calcaires ;

4° Terres tourbeuses.

Donnons sur chacune d'elles quelques mots d'explication.

1° TERRES ARGILEUSES.

L'*argile* est d'un usage trop fréquent pour n'être pas connue de tout le monde. C'est cette terre jaunâtre, compacte, douce au toucher, malléable, dont on se sert pour faire des briques, des carreaux à pavés, etc.

La base de l'argile est ce que la science désigne sous le nom d'*alumine*. Cette dernière substance, suffisamment pure, donne la terre à pipe, la terre à porcelaine, dont on fait la faïence et la poterie. C'est de l'alumine que l'industrie extrait l'*aluminium*, métal aujourd'hui commun et recherché, ayant presque la couleur de l'argent, mais d'une légèreté beaucoup plus grande.

Les terres argileuses sont denses, serrées ; elles ont la propriété de conserver les eaux qui s'y infiltrent difficilement. L'air et la chaleur ont de la peine à en pénétrer les plus légères couches.

C'est pour cette raison que les cultivateurs les désigne sous le nom de *terres froides*.

En temps de sécheresse, elles se durcissent, se crevassent, compriment les racines des plantes et les font beaucoup souffrir.

2° TERRES SILICEUSES.

Le *silice* est ce que l'on nomme vulgairement *sable*.

Les terrains siliceux sont donc ceux qui se composent d'une substance sablonneuse dont les parties. loin de se tenir, comme dans l'argile, se détachent et s'émiettent, sont sans liaison et sans consistance.

Ces sortes de terre se laissent facilement pénétrer par l'air et la chaleur ; mais l'eau les traversent trop facilement sans y séjourner ; elles se dessèchent vite. et ainsi la plante est privée, dans les temps de sécheresse, de l'humidité nécessaire à la végétation.

3° TERRES CALCAIRES.

On désigne ainsi les terrains dans lesquels la chaux est l'élément dominant. Ce sont les terres blanches, les terrains crayeux, maigres et sté-

riles, impropres à la culture lorsqu'ils sont iso-
lés; mélangés à d'autres terrains, la craie devient un agent précieux.

4° TERRES TOURBEUSES.

Dans la plupart de nos vallées, il existe de
nombreux terrains qui ont été primitivement
recouverts par les eaux. Des herbes s'y sont
successivement développées et détruites. Sur
leurs débris, d'autres végétations se sont succédé,
et avec le temps, ces détritus, accumulés de végétaux, ont formé une espèce de terre molle,
spongieuse, qui s'est élevée au-dessus des eaux
et a pris une certaine consistance. Voilà la
tourbe que l'on exploite dans certains endroits
pour le chauffage, notamment dans la vallée de
la Somme, qui nous avoisine.

Ces sortes de terrains renferment de grands
principes de fécondité ; mais pour les mettre en
valeur, il faudrait remédier à l'excès d'humidité
qu'ils contiennent, leur donner une base solide,
une densité suffisante au moyen de procédés qui
facilitent l'écoulement des eaux.

Ainsi, l'argile, le sable, la craie et la tourbe,

voilà les éléments principaux dont se compose le sol supérieur.

Chacun de ces principes, s'il était isolé, ne donnerait à la culture, comme on vient de le voir, qu'une terre de mauvaise qualité, souvent même stérile; mais, dans sa sollicitude, la divine Providence a sagement mélangé ces divers éléments, qui s'harmonisent et se modifient les uns par les autres. Elle nous donne ainsi de bonnes terres cultivables, qu'elle laisse le soin à l'intelligence et à l'activité de l'homme de rendre meilleures encore.

La plus grande partie de nos champs se compose donc de terrains mixtes que l'on peut subdiviser ainsi :

1° Terres argilo-siliceuses ;

2° Terres argilo-calcaires ;

3° Terres silicéo-argilo-calcaires.

Première subdivision.

TERRES ARGILO-SILICEUSES.

Ainsi que le nom l'indique, les terres argilo-siliceuses sont celles qui se composent d'argile et de sable dans une proportion essentiellement variable. Ces deux éléments, lorsqu'ils se balancent, donnent de bons résultats et composent une partie du sol français.

Deuxième subdivision.

TERRES ARGILO-CALCAIRES.

Il s'agit ici de terre formée d'argile et de substance calcaire. La ténacité et la compacité de l'argile se trouve avantageusement tempérées par la craie.

Troisième subdivision.

TERRES SILICÉO-ARGILO-CALCAIRES.

Ces terres, composées de sable, d'argile et de craie, acquièrent les plus hautes propriétés ; et c'est avec raison qu'on les regarde comme les meilleures et les plus fertiles de la France et même de l'Europe.

L'HUMUS.

Outre les éléments que nous venons d'indiquer, il en est un autre tout-à-fait indispensable à la végétation et sans lequel les meilleures combinaisons seraient incomplètes et défectueuses, c'est l'*humus*.

On appelle *humus* ou terre végétale cette

couche de couleur noire ou brune, plus ou moins épaisse, provenant de la décomposition des végétaux et des animaux.

Ainsi, chaque année, la nature se revêt d'une belle nappe de verdure : les fleurs, les fruits, les feuilles, les lichens, les mousses, naissent pour périr ensuite. Une foule d'insectes et d'animaux de toutes espèces vivent un moment pour retourner à la terre, d'où ils sont sortis. Tous ces débris accumulés, décomposés, confondus, produisent ce que l'on désigne sous le nom d'*humus*.

C'est là le principe, l'élément nourricier de la plante ; c'est un agent actif et nécessaire à toute végétation et à toute culture.

Tous les terrains renferment plus ou moins d'*humus*.

SOUS-SOL.

Au-dessous de la couche plus ou moins épaisse de terre cultivable, on trouve une autre couche ou veine d'une nature tout-à-fait différente. C'est ce que l'on nomme le *sous-sol*.

La nature du sous-sol n'est pas sans importance.

Un sous-sol imperméable, conservant l'humidité, convient aux terres légères; les terres compactes, au contraire, demanderaient un sous-sol tout différent, remédiant à l'excès de l'humidité par les infiltrations.

CHAPITRE III.

Amendements.

Amendements propres : 1° Aux terres argileuses; 2° aux terres siliceuses; 3° aux terres calcaires; 4° aux terrains tourbeux. — Chaux. — Marne. — Plâtre, etc.

AMENDER C'EST RENDRE MEILLEUR.

On entend donc par amendements, en agriculture, l'ensemble des moyens propres à améliorer un champ, à le placer dans des conditions de culture plus satisfaisantes, à fournir au sol, en un mot, les éléments qui lui manquent.

Naturellement, les amendements varient suivant la nature du sol. Ce qui convient à l'un peut nuire à l'autre; et la méprise pourrait avoir ici de graves conséquences.

L'amendement et l'engrais sont deux choses tout-à-fait distinctes : on amende une terre en rendant plus propre à la culture et au développement de la plante ce milieu dans lequel elle végète ; on la fume en y déposant de l'engrais, du fumier, substances propres à alimenter la semence.

L'amendement n'agit pas sur la végétation de la même manière et avec autant d'activité que l'engrais ; mais son action a plus de durée.

Les fumiers viendront en leur temps ; ne nous occupons actuellement que de la manière d'améliorer ce fond que l'on appelle champ cultivable.

Règle générale, si uae terre est dure, compacte, formée de cette terre glaise dont les molécules sont trop serrées, il faut y mettre tout ce qui peut en diminuer la ténacité et la rendre plus friable.

Est-elle, au contraire, trop légère ? qu'on s'efforce de la rendre plus compacte, plus propre à conserver une humidité nécessaire à la fertilité. Les vues et les défectuosités se tempèrent, en général, par des propriétés contraires.

Voilà le principe. Entrons maintenant dans

l'application pratique, en indiquant pour chacune des quatre espèces principales de terrain énoncées ci-dessus, l'amendement qui lui convient naturellement.

Cette question est, par elle-même, tellement simple qu'elle se révèle à l'intelligence la plus vulgaire.

1° AMENDEMENTS PROPRES AUX TERRAINS ARGILEUX.

On améliore ces sortes de terrains en y mélangeant tout ce qui peut détruire la ténacité des parties qui les composent et les rendre plus légers.

Ainsi, le gravier, le sable, la craie, la houille, les débris de matériaux provenant des démolitions, les cailloux même, voilà ce qui convient aux terres argileuses.

Si l'on ouvre une route, si l'on creuse un canal, si l'on pratique des fouilles quelconques donnant des déblais de terres légères, même de mauvaise qualité, voilà pour les terres fortes et froides des ressources importantes, de précieux amendements, de puissants moyens de bonification qu'il ne faut pas négliger.

2° AMENDEMENTS PROPRES AUX TERRAINS SILICEUX.

Ces terres, étant trop légères, ont besoin de moyens d'amendements tout-à-fait opposés à ceux que l'on emploie pour les terres argileuses.

Ici, il faut augmenter, autant qu'on le peut, la ténacité du sol, en y mettant de l'argile, de la terre glaise, des substances tourbeuses, de la vase, etc. Dans divers pays voisins du littoral, on a employé de la vase de mer, qui a produit des effets merveilleux.

On doit enlever de ces terrains les cailloux qui s'y trouvent, et bien se garder d'avoir recours au marnage, dont l'effet serait ici désastreux.

3° AMENDEMENTS PROPRES AUX TERRES CALCAIRES.

Pour rendre ces terrains cultivables, il faudrait pouvoir en modifier la nature par de l'argile, du sable, de la tourbe, y réunir enfin les éléments nécessaires pour en faire une terre arable.

Le meilleur parti qu'on puisse en tirer, c'est de les planter de bois ; les espèces résineuses sont celles qui y viennent le mieux. Chaque année, les feuilles, les mousses, les herbes qui y croissent, forment, en se décomposant, une légère couche d'humus, qui augmente avec le temps.

4° AMENDEMENTS PROPRES AUX TERRAINS TOURBEUX.

Pour faire profiter l'agriculture des terrains tourbeux, il y aurait généralement des dépenses assez importantes à faire. Il faudrait d'abord faciliter l'écoulement des eaux souterraines au moyen de rigoles ; puis, par des mélanges de terres de différentes natures, donner au sol plus de compacité.

La chaux, les cendres de bois, de houille, de tourbe, l'argile brûlée, toutes les substances sèches et qui absorbent l'eau, sont pour les terrains tourbeux les meilleurs amendements.

Ainsi, pour résumer cette partie relative aux amendements, il est constaté que tous les mélanges de diverses natures de terres produisent toujours un notable accroissement de fertilité.

Il nous reste à dire un mot de quelques éléments spéciaux employés comme amendements.

CHAUX.

La chaux est un excitant qui convient non-seulement aux terres froides et compactes, mais aux terrains composés de sable et d'argile. La quantité de chaux à employer comme amendement est essentiellement variable : elle peut être de 10 à 20 hectolitres par hectare de terre. Cet agent, qui produit d'excellents effets sur les terres argileuses et siliceuses, serait nul et en pure perte appliqué aux terrains calcaires.

Pour *chauler* les terres, c'est-à-dire pour les amender par la chaux, le meilleur moyen consiste à mélanger cette substance avec quatre ou cinq fois son volume de terre, et à répandre la poudre grisâtre qui en résulte, au moment des labours préparatoires pour les semailles d'hiver.

Pour ne pas détruire l'effet de la chaux, il importe de ne pas l'enfouir trop profondément.

MARNE.

On donne, en général, le nom de marne à un mélange naturel terreux de chaux carbonatée, d'argile et de sable.

La qualité de la marne varie beaucoup suivant la proportion des substances qui les cons-

tituent : elles sont plus ou moins calcaires, argileuses, etc. ; de là, un grand nombre de va-
riétés : il y en a de grise , de jaunâtre , de
blanche, etc. La blanche est la plus estimée par
la raison qu'elle contient une plus grande quantité de chaux.

La marne est, comme la chaux, un amendement très précieux pour les terrains compactes
et argileux. Le marnage rembourse largement
les frais occasionnés par l'emploi que l'on en
fait.

Si les terres étaient trop humides, l'effet de
la marne serait peu sensible, à moins que l'on
ait soin auparavant de les assainir au moyen
de rigoles.

La proportion de marne à employer varie en
raison de sa qualité et de la profondeur des labours ; elle peut être de 50 à 100 hectolitres de
marne ordinaire pour les terres fortes.

Les terres argilo-siliceuses en demandent une
moins grande quantité. L'effet en serait funeste
sur les terres légères. L'hiver paraît être la
saison la plus convenable pour le marnage.

PLATRE.

Le plâtre est particulièrement utile à la végétation des plantes fourragères, telles que le trèfle, le sainfoin. La dose ordinaire de plâtre à employer est de 200 à 300 kilogrammes par hectare.

Le moment le plus favorable pour l'emploi du plâtre c'est de le répandre le soir ou le matin, par un temps calme, sur les semis déjà levés.

Enfin, l'argile brûlée, le sable de mer et la vase qui en provient, la vase d'étang, la cendre de bois, de tourbe ou de houille sont employés avec succès comme amendements.

CHAPITRE IV.

Engrais.

I. Engrais : But et importance des engrais, négligence relative aux fumiers, déperdition résultant de l'évaporation, purins, manière de préparer les fumiers, moyens d'en augmenter la production, composition de diverses substances produisant de bons fumiers, fumier des villes, boue des mares, détritus d'animaux, déjections des animaux, excréments humains, urines ; résumé sur les fumiers.

II. Emploi des fumiers, moment de les employer, manière de les employer, moment d'éparpiller le fumier, effet du fumier.

—

I. — ENGRAIS.

On appelle engrais les débris d'animaux et de végétaux amenés à un certain état de décomposition, et qui, en se changeant en humus, doivent servir à l'alimentation de la plante.

L'engrais dont on se sert ordinairement est le fumier, mélange composé de substances végétales imprégnées d'excréments d'animaux.

La valeur d'un engrais est en raison de la quantité de gaz qu'il peut dégager au profit de la plante, comme est celle de nos aliments d'après la proportion de sang qu'ils sont appelés à fournir.

La question des engrais est donc, en agriculture, une chose extrêmement importante ; il y aurait là matière à de longs développements, nous nous efforcerons d'en passer sommairement en revue les points essentiels.

BUT ET IMPORTANCE DES ENGRAIS.

Les végétaux, comme les animaux, se composent d'éléments dont la chimie rend compte.

Or, il est évident qu'une plante quelconque a besoin de retrouver dans les engrais les principes nourriciers qui constituent son être.

Pas de fumier, pas de récoltes: C'est là un axiome qui ressort de l'expérience de tous les jours.

Il n'est pas plus possible à la plante qu'à l'homme de se développer sans nourriture.

Un proverbe vulgaire dit: « Il n'y a pas de « mauvaises terres ; il n'y a que de mauvais « cultivateurs. »

Le moyen de rendre les terres bonnes c'est d'y mettre du fumier.

Les engrais naturels sont toujours les meilleurs; ils ne peuvent jamais être trop abondants. Il y a mille moyens de s'en procurer, comme nous allons le voir, et de les rendre plus actifs. Cependant, que de négligence à ce sujet !

NÉGLIGENCE RELATIVE AUX FUMIERS. — DÉPERDITION QUI RÉSULTE DE L'ÉVAPORATION. — PURINS.

Si l'on entre chez un cultivateur, une chose choque tout d'abord les yeux; c'est la manière défectueuse avec laquelle on prépare et conserve les fumiers : on trouve les cours pleines de paille ; les litières, retirées des étables, sont éparpillées de toutes parts, sans ordre et sans soins. Quand la propreté ne serait pas intéressée dans la question, l'avantage d'avoir de bons fumiers et le plus possible ne devrait pas être chose indifférente.

Tantôt, les fumiers sont jetés dans un trou où viennent se perdre en abondance les eaux pluviales, qui les lavent, les détrempent et leur enlèvent leurs meilleurs éléments ; tantôt, étendus sur une large surface, ils sont exposés à l'action du soleil, qui dessèche les pailles et fait évaporer les gaz précieux qu'elles contiennent. Les hommes qui font autorité en pareille matière, déclarent que de toutes les causes qui engendrent la dépréciation des fumiers, il n'en est pas qui agisse d'une manière plus funeste que l'évaporation. On a calculé qu'un fumier, après avoir été ainsi exposé à l'action du soleil pendant six jours seulement, a perdu la moitié de sa valeur. Que devient-il donc après de longs mois passés de cette sorte.

D'autres fois, les purins débordent dans les cours, salissent les ruisseaux, corrompent les eaux des mares, nuisent à la salubrité par les odeurs délétères qu'ils exhalent, sans compter

la perte sérieuse qui résulte, pour la préparation des fumiers, d'un élément si riche en principes de fertilité.

MANIÈRE DE PRÉPARER LES FUMIERS.

Ce qu'il faut pour obtenir un bon fumier, c'est
une fosse peu large, suffisamment profonde,
dans.laquelle on le met en tas en le sortant des
étables. Pour empêcher l'évaporation, on le
recouvre d'une couche de longue paille. Là, le
fumier se décompose et fermente sans que le
soleil vienne le dessécher.

A côté de la fosse à fumier, il est bon d'en
construire une petite destinée à recevoir le
purin, avec lequel on l'arrose.

On ne peut trop insister sur une méthode à la
fois simple, facile. avantageuse et dont l'emploi
n'exige ni plus de temps, ni plus de dépenses.

MOYENS D'AUGMENTER LA PRODUCTION DU FUMIER.

Rien de plus facile que d'augmenter la production du fumier : il suffit de le vouloir. Et,
en effet, de tous côtés, que de richesses perdues !
que de ressources négligées !

Ce sont des débris de paille, de fourrages, de

légumes, de diverses autres espèces de végétaux, des tas de pommes, de feuilles d'arbres
abandonnés et encombrant le sol ; des branches
de vignes, des tiges de colza , de maïs, de sar-
razin dont on fait un meilleur usage dans la
ferme qu'en les brûlant dans les champs ; des
fanes de pommes de terre , de chenevottes, des
ronces, des mousses , de jeunes pousses provenant de la tonte des haies , etc. Tout ce qui
végète et renferme de la sève, produit, en se
décomposant, un excellent engrais.

Les orties , les plus mauvaises herbes même
peuvent être utilisées avantageusement à ce
sujet. Il suffit qu'elles ne soient pas en graine ;
autrement, elles pourraient infecter le champ
où serait déposé le fumier dont elles font partie.

Pour mettre en valeur tant de choses précieuses qui jonchent le sol à la campagne, il
suffit d'ouvrir une fosse pour les y jeter : avec
le temps, elles produisent un très bon engrais.
On peut hâter la décomposition de ces végétaux
en les assaisonnant de chaux vive.

En formant ainsi diverses couches de ves-
tiges de plantes, de chaux et de terre , on parvient à faire un excellent *compost*, dont l'action
est appréciée par les bons cultivateurs.

Comme on le voit, le moyen est facile, et les soins à ce sujet rapportent au centuple.

DIVERSES SUBSTANCES PRODUISANT DE BONS FUMIERS.

Les écorces épuisées des tanneries, les tourteaux, les fougères, les bruyères, le buis, les roseaux, les algues marines, la suie, les sciures les balayures des rues, les plumes de volaille, les pavots, les moules, les huiles, les chiffons de laine, les bourres, les chenets, etc., sont des substances plus fertilisantes encore que les pailles.

FUMIERS DES VILLES.

Les fumiers des villes sont regardés, avec raison, comme beaucoup plus actifs que ceux des campagnes par la raison qu'ils sont plus consommés et renferment une foule de principes féconds, comme les détritus provenant de la cuisine, les eaux de vaisselle, de lessive, etc.

BOUE DES MARES.

Les boues provenant du curage des mares et des fossés sont d'une grande richesse qu'il importe de ne pas négliger. Cependant, que de tas perdus ou utilisés trop tard , alors qu'il s'en est exhalé la meilleure partie des gaz que cette boue contient. Pour justifier cette négligence, on prétend qu'elle brûle les terres où on la dépose. La boue des mares , comme le terreau , est le résidu des substances fermentées , renfermant des éléments d'une activité puissante : quelques décimètres cubes de ce produit, donne pour la plante une aussi grande somme de principes nourriciers qu'un tombereau de litière.

Il pourrait, en effet, fournir une nourriture si abondante que les grains qui y seraient déposés, se trouveraient atteints d'une sorte de pléthore (excès de vie), qui les ferait mourir. Mais est-ce une raison de rejeter ces choses parce qu'elles possèdent une grande puissance de fécondité? Autant vaudrait dire qu'il faut éviter de s'approcher du feu pour se réchauffer , par la raison qu'il brûle et consume.

L'alcool pur est un poison; et cependant en le réduisant à des proportions convenables , on en fait une liqueur malheureusement trop attrayante.

Le moyen donc de tirer un parti avantageux de la boue des mares et des fossés , n'est pas de la laisser se dessécher pour ne l'employer que quand elle aura perdu beaucoup de sa valeur; mais de la répandre en moins grande quantité sur le sol; ou bien encore de la mélanger avec de la terre ordinaire; celle-ci s'imprégne des sucs qui y sont contenus et le tout devient un engrais propre à être mis immédiatement en usage.

DÉTRITUS D'ANIMAUX.

Les chairs musculaires, le sang des animaux, les détritus de poisson, les râpures de cornes, les os en poudre, etc., donnent pour la plante des produits d'une richesse immense.

Qu'un animal, petit ou gros, vienne à mourir, on se hâte de le traîner au loin et de s'en débarrasser : c'est là une grande faute. Pour en tirer un parti avantageux au point de vue qui nous occupe, il suffit de mettre l'animal en pièces, de l'enterrer dans le trou au fumier, assez profondément pour que les exhalaisons qui s'en échappent, n'arrivent pas jusqu'à l'air libre. La décomposition de l'animal s'opère, les couches de fumier s'imprègnent des principes fertilisants qui en proviennent et donnent de précieux résultats.

DÉJECTIONS DES ANIMAUX.

Il est pour les récoltes une autre ressource bien précieuse encore, c'est celle des excréments contenant une grande quantité de phosphates, de sels alcalins et d'ammoniaque qui produit l'azote, principe fertilisant. Répandues sur les litières, les matières fécales se mêlent à la paille qu'elles fécondent et en hâtent la décomposition.

Les excréments des moutons sont les plus chauds et les plus énergiques d'entre ceux de nos animaux domestiques.

Viennent ensuite ceux du porc, du cheval, de la vache.

La volaille, qui se nourrit de grain, donne une fiente très précieuse. On peut donc, sous ce rapport, tirer du poulailler un parti avantageux.

De toutes les déjections d'animaux, il n'en est point dont les propriétés approchent du produit des pigeons et connu sous le nom de *colombine*. En raison de la petite quantité que l'on en obtient, on ne l'utilise ordinairement que pour les jardins, qui en ressentent un effet puissant.

EXCRÉMENTS HUMAINS.

Les matières fécales de l'homme surpassent toutes les autres par la richesse des principes qu'elles renferment : cela tient à la qualité des aliments dont il se nourrit. Voilà pourquoi il importe tant de les mettre à profit. Aussi, à l'heure actuelle, les agronomes s'occupent activement des moyens de tirer parti d'un élément perdu sans profit, surtout dans les villes, et de faire profiter l'agriculture de l'action fécondante des excréments humains.

Plusieurs machines présentées à l'exposition ont obtenu faveur auprès des hommes compétents.

En Belgique surtout, on est parvenu à faire des matières fécales une sorte de poudrette, que l'on utilise avantageusement pour les lins magnifiques que produit cette contrée.

URINES.

Toutes les urines, en raison des principes salins qu'elles renferment, exercent en agriculture un effet bien salutaire.

Celle de l'homme ne le cède à aucune autre par ses qualités fertilisantes. Aussi, tous les bons cultivateurs recueillent les urines avec le plus grand soin pour les répandre sur leurs fumiers. Un autre moyen de les utiliser, c'est de les mêler avec quatre ou cinq fois leur volume d'eau, et d'en arroser les plantes fourragères, sur lesquelles elles exercent une grande efficacité.

RÉSUMÉ SUR L'IMPORTANTE QUESTION DES FUMIERS.

Résumons, en quelques mots, cette importante question des engrais.

Les plantes sont des corps organiques qui vivent au moyen des sucs qu'ils absorbent. Ce n'est pas la terre où ils végètent qui les nourrit; le sol n'est que le milieu dans lequel se développent les principes nourriciers qui conviennent à leur existence; or, ces sucs, c'est au moyen des engrais qu'on les produit.

Ainsi que nous l'avons vu, les éléments à fournir par les engrais sont l'azote, l'acide phosphorique, la potasse, la chaux et l'acide carbonique.

La décomposition des végétaux fournit plus ou moins de ces substances. Les détritus d'animaux en augmente la somme, tout ce qui fermente agit utilement sur les récoltes. Les excréments et les urines ont, au point de vue qui nous occupe, une grande puissance d'action.

Les engrais se présentent donc comme une

nécessité de premier ordre. Nous avons vu la facilité avec laquelle on peut en augmenter la production et la valeur. Il suffit pour cela de recueillir avec soin tous les débris des plantes et des animaux, et de les mettre en tas pour en faciliter la décomposition.

Pour obtenir un bon fumier, il est nécessaire d'avoir une fosse peu large et suffisamment profonde où il se trouve garanti de l'évaporation.

Les excréments humains sont d'une richesse supérieure à tous les autres engrais.

Il importe enfin de conserver précieusement les purins et les urines, soit pour en arroser les fumiers, soit, en les délayant dans une certaine quantité d'eau, pour les répandre sur les prairies artificielles.

II. — EMPLOI DES FUMIERS.

Moment de les employer.

Il nous reste à dire un mot sur le moment et la manière d'employer le fumier.

Si les fumiers étaient mis en usage immédiatement après leur sortie de l'étable, ils ne produiraient que peu d'effets : la décomposition des pailles n'a pas encore eu lieu, elles ne sont

pas suffisamment imprégnées des matières fécales ; enfin le développement des gaz, qui agis-
sent si avantageusement sur la semence, ne s'est
pas encore opéré. Il est donc bon d'attendre que
le fumier ait subi une préparation suffisante.

Mais s'il convient de ne pas les employer trop
tôt, il faut éviter, avec le même soin, de les utiliser trop tard, alors qu'ils sont passés à l'état
de terreau gluant. Quand la putréfaction arrive,
les fumiers ont perdu la moitié de leurs propriétés fertilisantes. Ici, comme en tout, il faut
faire les choses à point.

Voici encore une remarque importante : il
est bon que le fumier dans la fosse ne soit pas
détrempé d'eau outre mesure. Il faut éviter,
avec le même soin, de laisser s'y développer,
par la sécheresse, la moisissure et le blanc de
champignon, inconvénient que l'on évite par un
arrosage fréquent et bien entendu.

MANIÈRE D'EMPLOYER LE FUMIER.

Une distinction reste maintenant à faire sur
le mode d'emploi des fumiers.

Aux terres froides conviennent les fumiers
chauds ; aux terres chaudes, les fumiers plus
froids.

La terre est-elle dure, compacte? on ne peut trop y mettre de longs fumiers. C'est le moyen d'en atténuer la densité. Si le sol, au contraire, est friable, sablonneux, il faut bien se garder d'y mettre de longues pailles qui, en augmentant l'excès de porosité, faciliteraient les infiltrations des eaux et l'action desséchante du soleil. Cette dernière nature de terrain ne comporte qu'un fumier court et consommé.

Le moyen de tout concilier, c'est de prendre le dessus du tas de fumier pour les terres fortes et le fond pour les légères.

Terminons ce chapitre par une considération qui a sa valeur.

MOMENT D'ÉPARPILLER LE FUMIER SUR LA TERRE.

Une faute que l'on voit sans cesse se renouveler, est de laisser le fumier longtemps en monts ou éparpillé sur le sol avant de le recouvrir par le labour : il subit là, par l'évaporation des gaz précieux qu'il contient, cette dépréciation que nous avons signalée plus haut, à l'occasion des fumiers dispersés dans les cours.

On ne doit les retirer, autant que possible, de la fosse qui les contient, que pour les transporter au champ, au moment où l'on est en mesure de les enfouir anssitôt.

EFFET DU FUMIER.

Enfin, voici une dernière remarque dont tout le monde comprendra l'importance : plus le fumier est consommé, plus l'effet s'en produit vite. Le fumier sortant des étables, à l'état de litière fraîche et non encore décomposée, peut bien servir d'amendement aux terres compactes, mais non agir immédiatement comme engrais. Ce n'est que l'année suivante que son action fécondante se révèle. Voilà ce qui trompe certains calculs.

Ainsi, par exemple, nous voyons souvent dans nos contrées des industriels préparer avec le plus grand soin des terres pour faire du lin ; on y met quelquefois du fumier en abondance ; mais s'il n'est pas assez fait, il sert très peu pour le lin ; c'est la récolte suivante qui en profite.

Aussi, dans le Nord, véritable pays aux lins, on ne fume la terre qu'avec de la poudrette, résultant des excréments humains et dont l'effet est immédiat.

CHAPITRE V.

Labours.

But des labours, labours propres à chaque espèce de terrains, défoncements, manière de faire les labours, temps des labours.

BUT DES LABOURS.

L'importance des labours est une chose admise : il n'est donc pas nécessaire d'en démontrer l'utilité.

Les labours ont pour but :

1º De rendre la terre plus meuble et de favoriser ainsi le développement des racines de la plante ;

2º De détruire les mauvaises herbes et certains insectes qui sont des fléaux pour l'agriculture ;

3º De permettre à la chaleur, à l'air et à la pluie de pénétrer plus facilement les couches du sol, et par suite d'activer un certain travail chimique des substances qui servent à la nutrition des plantes.

LABOURS PROPRES A CHAQUE ESPÈCE DE TERRAIN.

Ce serait une erreur de croire que toutes les terres doivent être traitées de la même façon sous le rapport des labours.

Il y a dans la nature du sol, dans l'épaisseur de la couche arable, des nuances dont il importe beaucoup de tenir compte.

Ainsi, pour bien préciser la question, la terre est plus ou moins dense ou légère ; le sous-sol est plus ou moins rapproché de la surface de la terre ; enfin, ce sous-sol est d'une qualité plus ou moins bonne, ou plus ou moins défectueuse.

Voilà divers points qui demandent à être examinés.

En général, on ne peut trop remuer un champ dur et compacte : les terres fortes ou argileuses exigent des labours fréquents et plus profonds, si toutefois l'épaisseur de la couche arable le permet.

Les terres meubles, par elles-mêmes, demandent naturellement moins de travail. Dans ce cas, on se borne aux labours indispensables, soit pour enterrer le fumier, soit pour couvrir la semence, soit enfin pour détruire les mauvaises herbes.

Remuer trop ou trop profondément les terres légères, ce serait faciliter aux sucs nourriciers résultant des engrais le moyen de pénétrer le sol tout à fait en pure perte.

Voici un autre inconvénient qui pourrait en résulter avec un mauvais sous-sol : la charrue ne ramènerait qu'une terre défectueuse qui, en se mélangeant à la terre végétale, ne ferait qu'en altérer encore la qualité.

DÉFONCEMENTS POUR LES TERRES FORTES.

Avantages qui en résultent.

Avec une terre forte et un sous-sol favorable, l'inconvénient qui vient d'être signalé disparaît. Il est même bon de temps en temps de dépasser la profondeur ordinaire des labours, comme il est facile de s'en rendre compte.

Le sous-sol est toujours séparé de la couche arable par ce que les laboureurs appellent *le plancher*. C'est une sorte de croûte souterraine durcie par le passage répété du talon de la charrue. Quand le sous-sol est de bonne nature, il s'enrichit sans cesse des parties solubles de l'engrais que l'eau y entraîne et qui s'y trouvent en réserve. Il arrive donc un moment où le plancher est plus riche que la couche habituellement remuée par les labours. Voilà pourquoi il importe de rompre le plancher par un labour plus profond, de le mêler à la terre cultivée, qui profite ainsi des principes fertilisants qui y sont accumulés.

On peut juger de l'effet des défoncements par les proportions remarquables qu'acquièrent les récoltes dans les terres qui y sont soumises, surtout les plantes pivotantes, telles que les betteraves, les carottes, les panais, etc.

Aussi, les cultivateurs intelligents ont-ils l'habitude d'opérer de temps en temps des défoncements qui les indemnisent largement de leurs sacrifices à ce sujet. L'expérience en a été faite, il est facile de la renouveler.

Ainsi, en résumé, si une terre est forte, si le sous-sol est bon, on ne peut trop remuer la terre. Si, au contraire, le champ est composé d'une terre légère, avec un mauvais sous-sol, il faut éviter les labours inutiles, trop profonds et surtout les défoncements.

MANIÈRE DE FAIRE LES LABOURS.

Passons à une autre considération.

Pour faire profiter la terre des influences fer_
tilisantes de l'atmosphère, il faut, en la retour-
nant, la mettre en contact avec l'air par le plus
grand nombre de points possible. Pour cela, au
lieu de donner au labour une surface lisse et
unie, il est bon que les sillons, s'appuyant les
uns sur les autres, présentent des arêtes et des
guérets assez développés. On y parvient en
donnant à la raie une profondeur qui dépasse
d'un tiers au moins la largeur des sillons.

Ainsi, supposons que le labour ait 0^m16 de
profondeur, la bande du sillon devrait en avoir
0^m12 de largeur.

Cette règle cesserait d'avoir lieu s'il s'agissait
d'un champ à défricher. Dans ce cas, pour retourner complètement la terre, il est bon de
faire prendre à la charrue des bandes plus
larges que profondes.

TEMPS DES LABOURS.

Enfin, il convient de faire les labours de
bonne heure afin de donner au sol tout le temps
nécessaire pour s'imprégner des principes nutritifs de l'air.

CHAPITRE VI.

Semailles.

Manière de semer, semoir. Epoque des semailles. Choix
des semences. Renouvellement de la semence. Dosage
des semailles. Chaulage de la semence. Roulage des
grains et sarclage du blé. Dernières observations.

Les moindres choses, en agriculture, peuvent
avoir leurs conséquences : la manière de semer,
le temps des semailles, le choix des semences,
la qualité de semence à employer, le chaulage
des grains ; voilà diverses questions que nous
allons examiner tour à tour.

MANIÈRE DE SEMER, SEMOIR.

Le plus habile semeur ne saurait avoir la
prétention de répandre son grain d'une manière
complètement uniforme. Le vent, la pluie et
d'autres circonstances peuvent nuire à l'opération et la rendre défectueuse ; puis, en faisant
ensuite usage de la herse, il arrive inévitable-
ment qu'une partie de la semence n'est pas re-
couverte, qu'une autre l'est trop ou trop peu. De

là, qu'arrive-t-il ? Perte de grain ; et puis, comme on le dit ordinairement, le grain lève en plusieurs fois, et souvent les premiers nuisent au développement des autres.

Avec le semoir, il n'en serait pas ainsi : l'instrument fait la besogne tout seul, le grain est réparti d'une manière régulière ; il est partout à la même profondeur et à des distances égales : il faut moins de semence ; rien n'en est perdu, le grain lève dans de meilleures conditions, la paille est plus forte, moins sujette à verser ; elle donne un rendement plus élevé et du grain d'une qualité supérieure.

Ainsi, économie de semence et meilleure récolte : Voilà des avantages qui ne peuvent manquer de propager l'usage du semoir. Pourquoi les plus petits cultivateurs mêmes, s'ils ne veulent faire seuls l'acquisition d'un semoir, ne s'entendraient-ils pas à plusieurs pour l'avoir en commun.

Au reste, il est un petit semoir brouette, peu coûteux, d'un emploi facile et qui suffit pour les petites exploitations.

ÉPOQUE DES SEMAILLES.

L'expérience faite dans chaque contrée doit

être le meilleur guide à suivre à cet égard. Toutefois, il vaut mieux le faire un peu plus tôt que de le faire trop tard.

Nota : Les pommes de terre étant pour la classe ouvrière une ressource précieuse, nous ferons remarquer, en passant, qu'il y a avantage à les planter avant l'hiver, vers le mois de novembre : il suffit de les enterrer un peu plus profondément pour ne pas les exposer à être atteintes par la gelée. On obtient ainsi un meilleur rendement, et les pommes de terre paraissent se mieux conserver. Il convient de les cueillir lorsque les fanes commencent à se flétrir.

CHOIX DES SEMENCES.

Le choix des semences est loin d'être une chose indifférente : le grain destiné à être jeté en terre doit être bien mûr, bien nettoyé des mauvaises herbes. Les exemples de semailles manquées tiennent le plus souvent à ce que la graine n'avait point acquis la maturité nécessaire.

Comme rendement en farine, le blé coupé de bonne heure vaut ordinairement mieux, comme nous l'établissons en parlant des *moyettes*;

mais il n'en est pas de même de celui qui est destiné à la reproduction.

RENOUVELLEMENT DE LA SEMENCE.

Il est bon quelquefois de renouveler la semence; mais il ne faut pas abuser du moyen.

Faire venir des semences de loin et à grands frais, c'est s'exposer à les transplanter dans un champ dont la nature, le climat, le site leur soient moins favorables que les lieux qu'ils quittent. Et puis, est-on bien certain que cette semence est toujours de bonne provenance? Le plus sûr est de choisir une bonne graine chez soi ou chez un cultivateur de la même contrée.

DOSAGE DES SEMAILLES.

Il y a un double écueil à éviter dans la quantité de semence à employer, le trop et le trop peu. Ici, comme partout, les extrémités ont leur inconvénient.

Les grains trop serrés se gênent, les plus précoces étouffent souvent les autres. Si la semence est clair-semée, les mauvaises herbes, étant plus à l'aise, prennent plus facilement le dessus. On estime généralement que pour les semis à a main, il faut par hectare une quantité de grain qui varie de 150 à **200** litres. On sème l'avoine un peu plus drue que le blé.

Au moyen du semoir, il y a beaucoup moins de grains improductifs. Dans ce cas **100** litres suffisent par hectare.

CHAULAGE DE LA SEMENCE.

Le chaulage des grains destinés à la semence a pour but de détruire les germes invisibles des champignons microscopiques qui, sous le nom de carie, attaquent les céréales aux approches de la maturité, et détruisent ainsi quelquefois une partie des récoltes.

Le chaulage prévient également la maladie du charbon qui convertit les épis en une poussière noire semblable à celle du charbon.

La recette la plus simple et la plus efficace pour le chaulage, celle qui est conseillée par M. Mathieu Dombasle, l'un de nos meilleurs agronomes, est la suivante :

Prendre de la chaux récemment éteinte et bien délitée ; sur dix kilogrammes de chaux, mettre un kilogramme de sulfate de soude en poudre ; délayer ce mélange dans l'eau et en former une bouillie claire. Après avoir d'abord lavé le blé à grande eau, on jette dessus le lait de chaux, et on remue convenablement pour bien imprégner tous les grains du mélange.

D'autres agronomes y ajoutent soit du sel marin, soit une solution de chlore dont l'effet est d'activer la germination.

ROULAGE DES GRAINS, SARCLAGE DES BLÉS.

Tout le monde reconnaît l'utilité du roulage des grains et du sarclage des blés. Des hommes expérimentés affirment qu'un sarclage bien fait peut rapporter quatre hectolitres de blé en plus par hectare, ce qui vaut bien la peine qu'on s'en occupe ; on se trouverait ainsi largement dédommagé des frais de main-d'œuvre. On comprend, en effet, que la jeune plante débarrassée des herbes qui la gênent, ne tarde pas à prendre un heureux développement.

DERNIÈRES OBSERVATIONS.

Une foule d'autres questions font encore partie du domaine de l'agriculture.

Le drainage, les instruments aratoires, l'élève du bétail, les prairies artificielles, les plantes fourragères, textiles, obégineuses, la fenaison, etc., exigeraient de longs développements. Et puis, des fléaux inconnus de nos pères menacent sérieusement nos produits agricoles, richesse de tant de familles. De là, nécessité de détruire les larves, les vers blancs et les hannetons et de respecter l'existence de tant d'oiseaux utiles qui sont nos meilleurs auxiliaires pour cette guerre d'extermination.

Mais il est impossible de donner place à de si vastes sujets dans un ouvrage élémentaire.

Nous terminons notre modeste travail par un chapitre sur les moyettes, suivi de quelques idées sur l'agronomie.

CHAPITRE VII.

Moyettes.

I. Les moyettes. A quoi servent les moyettes ? Elles sont pour les récoltes un moyen : 1° de conservation ; 2° de bonification.

Autre avantage : avec l'emploi des moyettes, on peut commencer la moisson huit ou dix jours plus tôt.

Une objection : les moyettes ne font-elles pas perdre du temps ?

II. Construction des moyettes. Comment se font les moyettes ? — Différents modes de construction des moyettes. — A quel moment convient-il de faire les moyettes ? — Résumé sur les moyettes. — Conclusion.

—

I. — LES MOYETTES.

Ce n'est pas assez que le laboureur ait bien cultivé et bien amendé son champ ; qu'il l'ait ensemencé et arrosé de ses sueurs ; ce n'est pas assez que la divine Providence ait donné à la terre ce principe de fécondité sans lequel tous nos soins demeureraient impuissants, et qu'elle ait dispensé tour à tour la salutaire influence de son soleil et de sa rosée ; il faut que jusqu'à la fin le cultivateur veille sur sa moisson, qu'il l'entoure sans cesse de ses soins intelligents et dévoués.

Si la récolte se trouvait avariée par le mauvais temps, ce serait une longue année de cherté qu'il nous faudrait subir.

Or, les moyettes se présentent comme le plus sûr moyen de couronner dignement, sous ce rapport, les travaux du laboureur.

A l'exemple des Romains, tous les peuples agriculteurs en ont fait usage. Les nations voisines, qui nous ont devancés dans l'art de la culture, ont aussi, avant nous, constaté l'utilité des moyettes. Nos provinces du Nord, ayant sous les yeux les exemples de l'Angleterre et des Pays-Bas, ont déjà fait de grands progrès dans cette voie ; et à l'heure actuelle, tous les bons agriculteurs de la France et de l'étranger ont recours à cette pratique.

A QUOI SERVENT LES MOYETTES ?

Les moyettes sont, pour les récoltes, un moyen : 1º de conservation ; 2º de bonification ; double avantage qu'il importe de faire ressortir.

1º LES MOYETTES SONT POUR LES RÉCOLTES UN MOYEN DE CONSERVATION.

D'abord, les éléments sont chose bien mobile. La saison de la récolte peut être tout-à-fait mauvaise ; et si elle a commencé par être favorable, elle peut bien changer et venir brusquement surprendre les travailleurs. Dans l'un comme dans l'autre cas, il convient de prendre ses mesures.

L'expérience prouve que les moyettes ont

pour résultat infaillible de sauver les récoltes de toute avarie, même dans les années les plus mauvaises.

« En 1866 et même en 1860, l'année la plus
« pluvieuse de ce siècle, depuis 1816, nous
« avons vu, dit M. Louis Hervé, des cultiva-
« teurs intelligents rentrer en bon état toute
« leur moisson par le moyen aussi simple que
« rationnel des moyettes, pendant que leurs
« voisins, qui s'épuisaient en vains efforts pour
« retourner leurs javelles, n'ont pu rentrer leurs
« grains que germés et à moitié pourris. »

Cet agronome rapporte qu'en 1860, à la suite d'une pluie de quinze jours, après que les ré-coltes étaient plus de moitié perdues, leurs moyettes ont été visitées par un grand nombre de cultivateurs, qui les ont reconnues en bon état de conservation.

Ce n'est pas là un fait isolé : une foule d'autres exemples présentent le même résultat.

Si la saison est mauvaise, nos cultivateurs sont naturellement soucieux, inquiets : ils vont et viennent sans cesse; malgré tous leurs efforts et leurs soins, ils perdent un temps précieux, et encore font-ils une mauvaise besogne. Quelques éclaircies se font-elles dans les nuages, vite ils courent rentrer leurs récoltes; elles sont encore humides, la germination s'est peut-être déjà déclarée, n'importe, il faut se hâter ; mais tout le monde sait ce que vaut et ce que devient le blé rentré en pareil état.

Admettons que la saison se présente d'une manière favorable, est-on sûr qu'elle se maintiendra bonne?

Pourquoi ne pas prendre ses précautions?

« Deux sûretés valent mieux qu'une,

« Et prudence est mère de sûreté. »

Une fois les blés en moyettes, on est tranquille, on n'a plus à se presser pour les rentrer; on peut prendre son temps et attendre un moment favorable.

Quand il s'agit de ressources aussi précieuses, franchement ce serait jouer gros jeu que de se laisser aller à l'indifférence, alors surtout que, pour sauvegarder de tels intérêts, il en coûterait si peu.

2° LES MOYETTES SONT POUR LES RÉCOLTES UN MOYEN DE BONIFICATION.

Et, en effet, lorsque le blé est couché par terre et exposé à l'action du soleil brûlant, il se des-

sèche, se ride, pèse moins ; et sous un volume
égal, il rend plus de son, moins de farine ; et
encore, la farine est-elle d'une moins bonne
qualité.

Avec des moyettes, au contraire, le blé mû-
rit plus lentement ; la sève que renferment encore les tiges, au lieu de s'évaporer en pure
perte, monte dans les épis, qui l'absorbent et
s'en nourrissent. Rien, d'ailleurs, de plus favorable au développement du grain que l'obscurité. Sous sa douce influence, le blé s'arrondit
et arrive mieux à son état normal : il acquiert
une plus belle couleur et donne une meilleure
main.

Pour tous ceux qui en ont fait l'expérience, il
est évident que les gerbes de moyettes donnent
un rendement supérieur, un blé de meilleure
qualité ; que la farine qui en provient est plus
abondante et plus belle.

Allez dans nos établissements agricoles, in-
terrogez les directeurs des fermes-modèles, ces
hommes intelligents et pratiques, ayant à cœur
la vulgarisation des bonnes méthodes, l'ont
eux-mêmes expérimenté. Tous attestent le même
fait et s'accordent à reconnaître que toutes

chances d'ailleurs égales, le blé provenant des moyettes procure une notable plus-value.

En présence de ces faits, il n'y a qu'à s'incliner, tous les raisonnements cessent et les résistances doivent disparaître.

AVEC L'EMPLOI DES MOYETTES ON PEUT COMMENCER LA RÉCOLTE PLUS TÔT.

Ce n'est pas tout : en mettant les blés en moyettes, on peut commencer la récolte huit ou dix jours plus tôt, avantage qui n'est pas à dédaigner à une époque où une heure peut être d'un grand prix.

« Lorsque la tige du blé commence à blanchir, dit M. Mathieu de Dombasle, il est temps « de moissonner. »

M. Columelle engage aussi à ne pas attendre que les grains soient tout-à-fait durs. Selon lui, « ils grossissent dans la gerbière, » c'est-à-dire dans la moyette.

Il conseille donc de se mettre à l'œuvre quand les épis commencent à jaunir.

C'est le sentiment de tous les hommes pratiques.

A cette occasion, nous croyons devoir citer

un exemple qui s'est pour ainsi dire passé sous nos yeux. Un agriculteur de nos environs avait soulevé contre lui l'indignation publique en coupant du blé avant complète maturité. Mais quelle ne fut pas la surprise générale en voyant le succès couronner cette étrange innovation, qui n'était que le fruit d'une intelligente spéculation.

Ainsi, l'expérience en a été faite, elle a donné des résultats satisfaisants : une paille magnifique et de très bon goût, du blé plus lourd et de premier choix. Que faut-il de plus pour dissiper toutes les préventions soulevées contre l'emploi des moyettes.

UNE OBJECTION : LES MOYETTES NE FONT-ELLES PAS PERDRE DU TEMPS ?

Quand le moment de la récolte arrive, on ne sait souvent où donner de la tête. Quelquefois, tout presse ; on ne peut faire face à la besogne. On voudrait se multiplier, doubler les heures, il faut aller vite. Comment alors se résigner à *perdre* du temps à confectionner des moyettes ? Ce n'est là qu'une objection sans fondement.

Quand bien même les moyettes nécessiteraient un peu plus de temps pour la récolte, ce ne serait certes pas un temps perdu. Nous avons

montré, d'après les témoignages les plus autorisés, que, même avec une saison favorable, il
y a encore un avantage réel à avoir recours à
cette méthode.

Mais qui peut répondre de la clémence des
éléments? Pour peu que le temps soit pluvieux ,
combien de fois n'a-t-on pas à retourner les
javelles, à les ouvrir, à les mettre debout pour
les faire sécher, à les retourner encore, sans
compter les soucis et les alarmes qui en sont
la conséquence ! Et si les mauvais temps per-
sistent que fera-t-on ? Quoi ! ce serait par économie de temps que, de propos délibéré, on
pourrait se résoudre à courir de telles risques !
Franchement, ce serait faire trop bon marché
du fruit de ses sueurs.

Si l'on songe que les moyettes permettent de
commencer la moisson plus tôt, qu'elles dispen-
sent de tous soins ultérieurs, on trouvera que,
loin de faire perdre du temps, elles le ménagent
et le rendent plus fructueux.

II. — Construction des Moyettes.

COMMENT SE FONT LES MOYETTES? DIFFÉRENTS
MODES DE CONSTRUCTION.

« Pour construire rapidement les moyettes,

« dit M. Louis Herrée, il faut que deux ou trois
« personnes apportent en même temps des ja-
« velles et les dressent les unes contre les
« autres, avec les épis au centre de manière à
« donner du pied. Dès que la pyramide se sou-
« tient, on la coiffe avec une gerbe ouverte en
« parasol et ayant les épis renversés. »

« Cependant, si une personne, ajoute-t-il, se
« trouve réduite à elle seule pour faire le tra-
« vail, elle peut s'en tirer : elle emploiera un
« piquet haut d'un mètre et demi, traversé à sa
« mi-hauteur par deux petits bâtons disposés
« en croix. On dresse les poignées de blé au-
« tour de ce piquet ; puis, dès que la pyramide
« est faite, et que les tiges se soutiennent mu-
« tuellement, on enlève le piquet et on recouvre
« la moyette de la gerbe qui lui sert de cha-
« peau. »

M. Salomon, un autre agronome en renom,
a essayé de diverses sortes de moyettes ; voici
celle qui lui aurait le mieux réussi :

« Nous fauchons, dit-il, nos blés en dedans,
« un enfant ou une femme suit chaque faucheur
« et met en javelle, » (c'est ce que l'on nomme
oveaux chez nous) ; « immédiatement un autr^e

« enfant prend la javelle et la porte à l'endroit
« désigné pour la moyette. Là, un surveillant
« tient verticalement une première javelle, au-
« tour de laquelle il fait placer circulairement
« toutes les autres, en donnant un peu de pied,
« jusqu'à concurrence de sept ou huit gerbes. »
On coiffe le tout d'une gerbe avec les épis pen-
dants et c'est fini.

Cette moyette, faite avec soin, résiste au vent,
même violent.

Le même agriculteur préfère la moyette de
javelle à la moyette de gerbes liées, par la
raison que celles-ci sont difficiles à sécher si
déjà la pluie les a pénétrées.

M. Bella, directeur de l'Ecole impériale d'a-
griculture de Grignon, pratiquait dans son éta-
blissement ce genre de moyettes. Mais, en
1862, dans la pensée d'économiser un peu de
temps, il a substitué la *moyette liée* à la *moyette
déliée*.

D'après sa nouvelle méthode, on ne coupe le
blé que quand il n'est pas mouillé (condition
qu'il ne dépend pas de nous d'obtenir), on le
met immédiatement en petites gerbes liées avec
les tiges mêmes du blé. Puis, on amasse ces

gerbes par dizaine. D'abord, on en met une au milieu ; on en dresse huit à l'entour, en donnant un peu de pied, de manière à permettre à l'air de circuler. On recouvre le tout d'une dixième gerbe, qu'on a soin de faire plus forte que les autres.

Dans plusieurs contrées humides, notamment en Angleterre, on a recours à la méthode suivante, employée sur une grande échelle et avec beaucoup d'avantage. On place les gerbes sur deux rangs, les deux en face appuyées la tête l'une contre l'autre ; on les recouvre de la même façon par des gerbes formant chapeau et reliées entre elles. C'est ce que l'on nomme *une chaîne*.

Cette disposition forme à la base une galerie, dans laquelle il s'établit un courant d'air.

La moyette flamande se compose de trois gerbes appuyées les unes contre les autres et recouvertes d'une quatrième formant parasol. La pluie glisse dessus et l'air circule entre les gerbes.

M. Ysabeau, cité par ses connaissances spéciales, trouve que le blé en petites gerbes, tel qu'il doit être lié pour être mis en chaînes, est plus facile à entasser régulièrement dans les granges ou dans les meules.

Le même auteur fait remarquer que le système des moyettes et des chaînes est applicable aux orges et aux avoines, comme aux seigles et aux froments.

Toutefois, il est reconnu que quelques ondées donnent de la qualité à l'avoine. Il ne faut donc la mettre en moyette que quand elle a subi l'influence d'une humidité modérée.

Enfin, voici un genre de moyettes offrant un grand degré de solidité et de grandes garanties de conservation, mais exigeant un peu plus de temps et de soins. On ne pourrait d'ailleurs l'employer utilement qu'avec du blé non mouillé et n'ayant pas trop d'herbe dans la paille.

Avec quatre gerbes à plat, servant de base, on forme d'abord un carré resserré, de manière que la tête de chacune d'elle repose sur le pied de celle qui y est perpendiculaire. De cette façon, aucun épi n'arrive à terre. Sur ce fond, on dispose en spirale des javelles ayant les épis au centre et formant un cône. On peut ainsi faire entrer dans la construction, qui a l'apparence d'une petite meule, la valeur de dix, quinze et vingt gerbes. Le tout se recouvre, comme les autres moyettes, d'une gerbe renversée.

A QUEL MOMENT CONVIENT-IL DE FAIRE LES MOYETTES ?

Les personnes qui font autorité sous ce rapport, soutiennent qu'en tout temps et en toutes circonstances, il est avantageux de disposer le blé en moyettes aussitôt qu'il est abattu, sans le laisser séjourner en javelle, où il est exposé aux alternatives des pluies et du soleil.

RÉSUMÉ SUR LES MOYETTES.

Résumons, en terminant, ce dernier et important chapitre. De l'expérience acquise ressortent les points suivants :

1° Les moyettes permettent de sauver la récolte même par les plus mauvais temps ;

2° Le blé qui en provient donne un rendement supérieur et de meilleure qualité ;

3° Avec l'emploi des moyettes, on peut commencer la récolte huit ou dix jours plus tôt ;

4° En raison des vicissitudes atmosphériques, les moyettes sont encore un moyen de ménager le temps;

5° Il convient de mettre le blé en moyettes aussitôt qu'il est coupé, au lieu de le laisser exposé soit à une humidité qui l'altère, soit à une chaleur qui le dessèche et l'empêche d'arriver à un complet développement ;

6° Si les grains sont mouillés, on doit faire des moyettes plus petites, formées de javelles et non de gerbes liées, et présentant une bonne aération ;

7° Enfin, si le blé est sec, si la paille ne contient pas trop d'herbe, on peut établir des moyettes plus compactes et plus volumineuses, résistant mieux aux intempéries, et que l'on peut conserver, sans danger, jusqu'à une époque avancée de la saison.

Ainsi, les avantages que présente l'usage des moyettes sont assez importants pour qu'ils méritent d'être pris en sérieuse considération.

AGRONOMIE.

Il ne suffit pas à l'agriculteur de savoir produire ; mais il lui importe essentiellement de tirer de ses produits le meilleur parti possible.

Qu'il rende ses champs fertiles ; qu'il fasse d'utiles assolements, qu'il monte son exploita-

tion de bons instruments, qu'il soigne bien son
bétail, etc.

Ce sont certainement là des points d'une
grande importance ; mais ce n'est pas tout : il
est un but que tout bon cultivateur doit s'ef-
forcer d'atteindre, c'est de réaliser dans son
faire-valoir la plus grande somme possible de
bénéfices.

Ainsi, pour entrer dans quelques détails, tel
cultivateur s'occupe exclusivement de la culture des grains, tel autre s'adonne aux plantes
industrielles ; celui-ci néglige l'élève du bétail ;
celui-là porte de ce côté ses préférences, fait
des prairies artificielles, produit des fourrages,
a recours à des résidus nutritifs ; les uns ven-
dent leur paille et achètent des fumiers ; les
autres préfèrent les consommer dans la ferme
et les convertir en engrais, etc., etc. Or, quelle
est la meilleure solution à donner aux diverses
questions du domaine agricole?

Là est véritablement le point capital.

C'est ce genre de combinaison, ce mode d'ap-
préciation qui constitue la véritable science
économie agricole, que l'on appelle *agronomie*.

L'industriel intelligent et le commerçant actif ne s'endorment pas au sein des monotonies de la routine : l'un varie ses produits selon les temps et les circonstances ; l'autre saisit les moments favorables pour faire des affaires. Pourquoi le cultivateur n'en ferait-il pas autant? A l'exemple des gouvernants, les moindres communes établissent leurs budgets, mettent en regard leurs recettes et leurs dépenses. Pourquoi le cultivateur n'aurait-il pas aussi son livre de comptes ?

Il n'est pas une seule maison de commerce qui ne fasse, chaque année, son inventaire. Cette opération ne consiste pas seulement à constater la situation ; mais elle fournit au commerçant le moyen de se rendre un compte exact de la valeur de chacune de ses opérations, en d'autres termes de trouver la cause vraie des bénéfices ou des pertes, afin que des mesures soient prises en conséquence.

Une comptabilité agricole est aussi une chose de première importance.

Nous ne pouvions qu'effleurer cette sérieuse question agronomique, pour laquelle nous renvoyons aux ouvrages spéciaux.

Puissent ces indications incomplètes, sem-

blables à une semence, porter des fruits au sein
de nos intelligentes populations !

C'est là notre vœu le plus cher.

CONCLUSION.

En agriculture comme en toutes choses, la
voie des améliorations reste ouverte : les expériences faites sont faciles à renouveler. De nouvelles observations ne peuvent qu'être utiles à
cette grande cause dont nous nous occupons.

Entre tous les membres de la famille humaine, il y a une corrélation d'intérêts qui les
rend solidaires et les oblige les uns à l'égard
des autres.

Il est donc du devoir de chacun d'apporter à
la masse commune le concours de son intelligence et de son dévoûment. C'est le moyen
de servir, selon sa mesure, ses propres intérêts,
la patrie et la société.

FIN.

TABLE

DES MATIÈRES

CHAPITRE III.

AMENDEMENTS.

Amendements propres :

CHAPITRE IV.

ENGRAIS.

—

CHAPITRE V.

LABOURS.

—

CHAPITRE VI.

SEMAILLE.

—

CHAPITRE VII.

MOYETTES.

FIN DE LA TABLE.

ERRATA.

Page 33, 7e ligne, *au lieu de :* trouve, *lisez :* trouvent.

— 36, 23e ligne, *au lieu de :* vues, *lisez :* vices.

ROUEN. — IMP. E. CAGNIARD.

www.ingramcontent.com/pod-product-compliance
Lightning Source LLC
LaVergne TN
LVHW021455170726
843501LV00005B/1681